气旋

庄婧 著　大橘子 绘

九州出版社
JIUZHOUPRESS

图书在版编目（CIP）数据

这就是天气．8，这就是气旋 / 庄婧著 ； 大橘子绘
．-- 北京 ： 九州出版社， 2021.1

ISBN 978-7-5108-9712-2

Ⅰ．①这… Ⅱ．①庄… ②大… Ⅲ．①天气－普及读物 Ⅳ．① P44-49

中国版本图书馆 CIP 数据核字（2020）第 207931 号

目录

什么是气旋

大家好，我是气旋！首先，
我来介绍一下我自己。

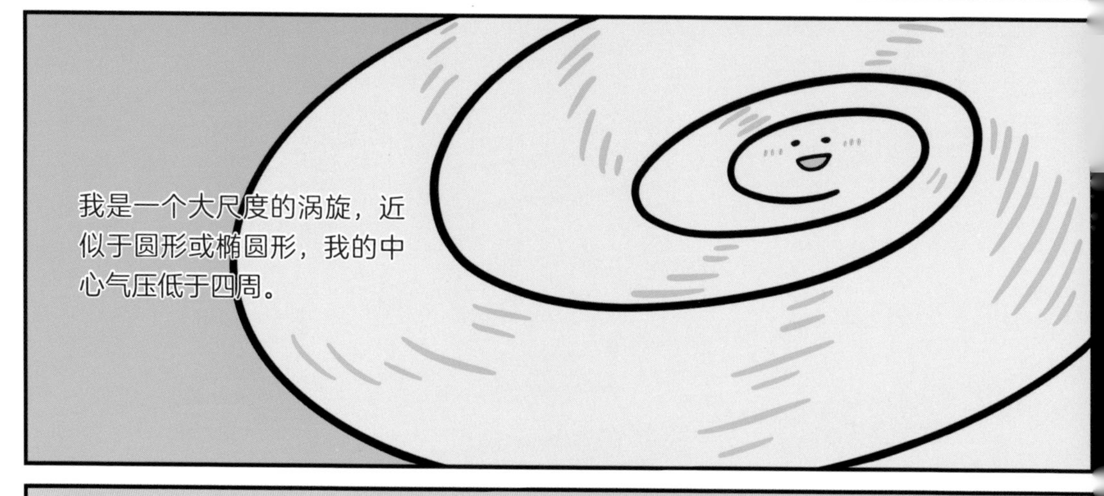

我是一个大尺度的涡旋，近
似于圆形或椭圆形，我的中
心气压低于四周。

在北半球，我覆盖范围内的空气
做逆时针旋转，南半球相反。

气旋和反气旋

我还有一个兄弟，名叫反气旋。我们俩脾气秉性截然相反。

反气旋的中心气压高于四周，北半球呈顺时针旋转，南半球呈逆时针旋转。

在气旋——也就是我的内部，有一定的上升运动，容易产生降水、降雪等对流性天气现象；而我的兄弟反气旋内有下沉运动，不利于云雨的形成，因此它多为艳阳高照的好天气。

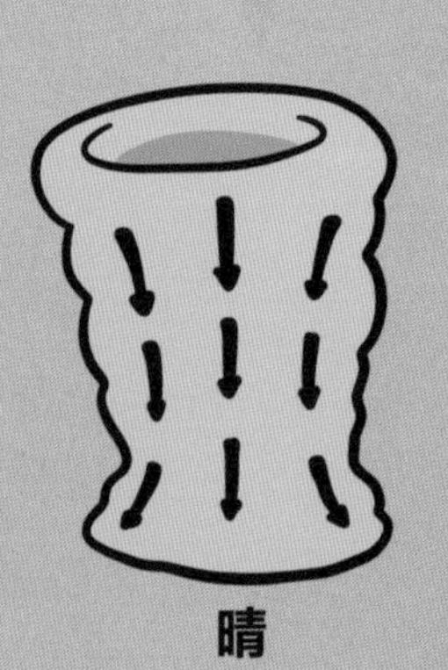

比如夏季，在北半球经常见到的反气旋就是副热带高气压，它覆盖的地方往往是高温酷暑天气。

我的平均直径可以达到 1000 千米，最大甚至可达 3000 千米。
反气旋就更了不起了，大的反气旋可以和最大的大陆或海洋相比。

温带气旋和热带气旋

在我的家族里，有两位比较有名的大将，分别是温带气旋和热带气旋。

温带气旋内心冰冷，往往活动在中纬度地区，是春秋季节影响中国北方的最主要的天气系统。

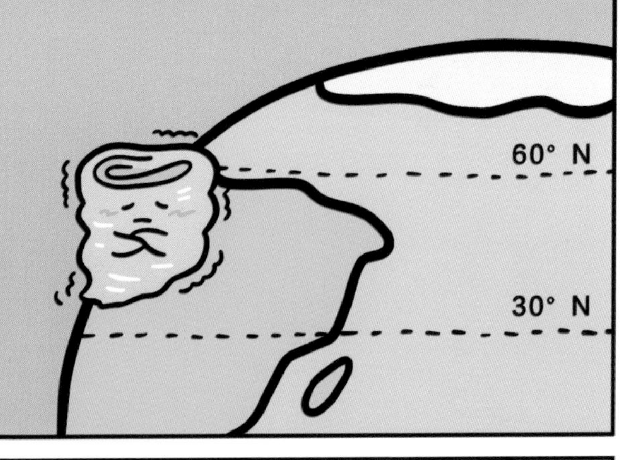

热带气旋则生成在低纬度的热带洋面上，与温带气旋不同，是暖心结构的气旋。

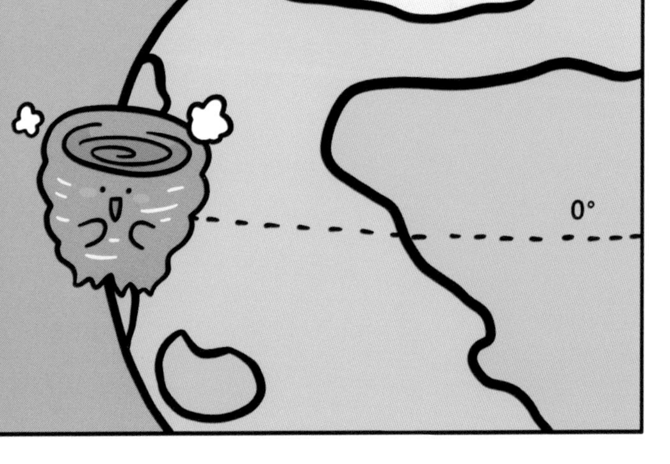

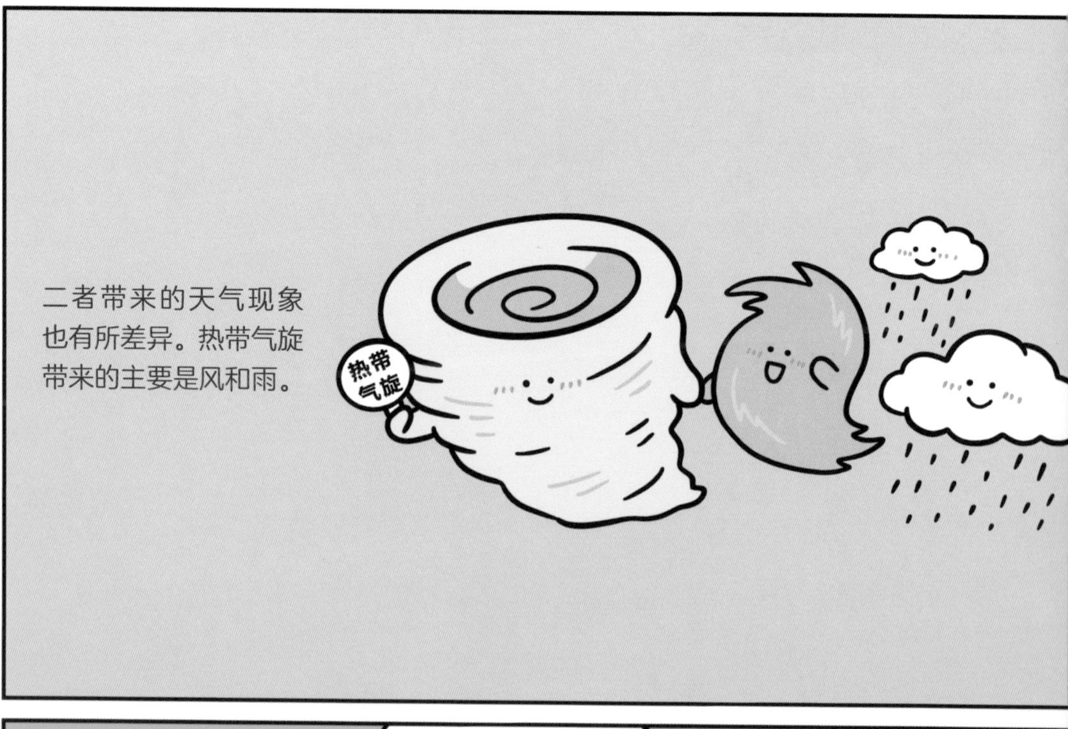
二者带来的天气现象
也有所差异。热带气旋
带来的主要是风和雨。
热带
气旋

温带
气旋
而温带气旋带来的天气就比较丰
富，除了常见的狂风暴雨，还有雾、
沙尘、强对流和暴风雪等。

气象炸弹

温带气旋中，有一个非常厉害的角色叫做“爆发性气旋”，它在 24 小时内，中心气压能够骤降 24 百帕或更多。

因此它所到之处，往往会导致天气巨变，引发狂风和强降水。

因为爆发性气旋发展骤变，就像突然在大气中扔下了一颗炸弹，因此被形象地称为“气象炸弹”“炸弹气旋”或者“天气炸弹”。

天气很好啊！
“气象炸弹”爆发前，海上往往风平浪静，不论是在卫星云图上还是在现场观测都不易发现它的踪迹，因此它非常容易逃过航船上观测人员的“火眼金睛”。

但经过 12~24 小时之后，气旋强烈爆发，风力猛增到 9~11 级甚至更大，范围也扩展到方圆上千千米，让人猝不及防，还会造成船毁人亡的惨痛事故。

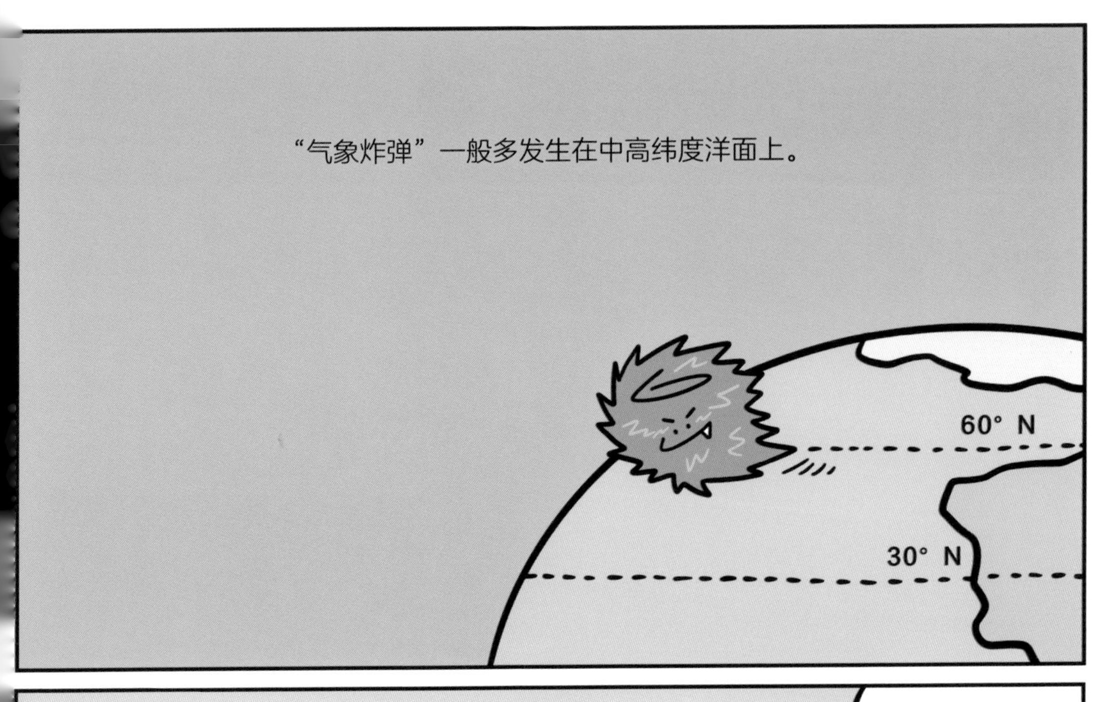
“气象炸弹”一般多发生在中高纬度洋面上。
60° N
30° N

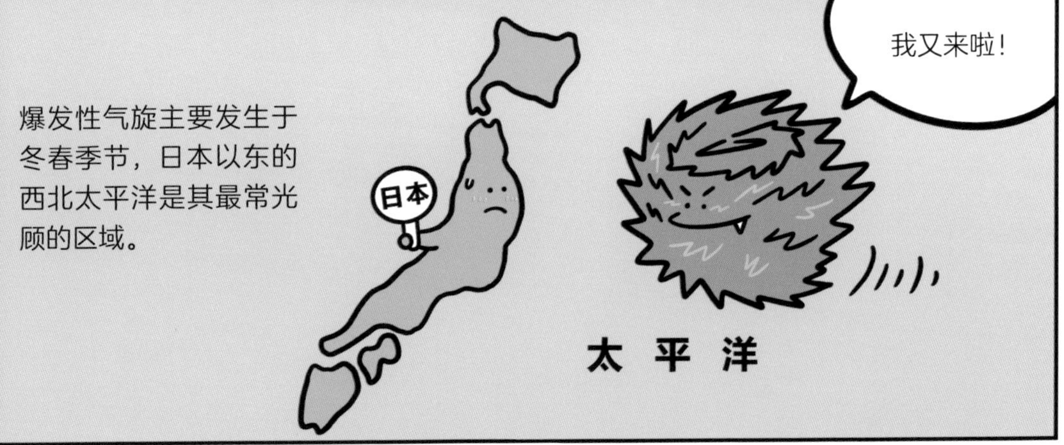
我又来啦！
爆发性气旋主要发生于冬春季节，日本以东的西北太平洋是其最常光顾的区域。
日本
太 平 洋

上不去岸啊！
在中国北部海域也生成过爆发性气旋，但由于其形成后没有登陆，影响的主要为近海地区的一些渔业生产，因此在中国的名声“并不响亮”。

热带气旋

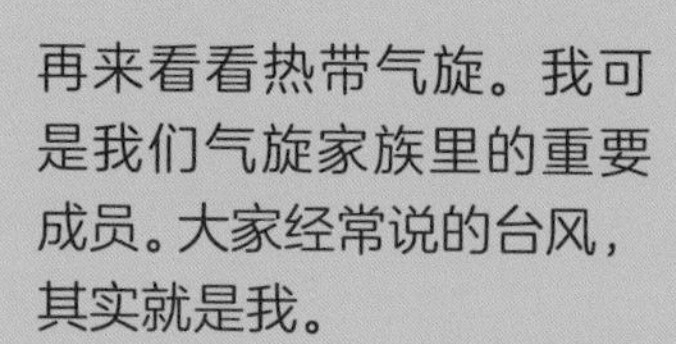
再来看看热带气旋。我可是我们气旋家族里的重要成员。大家经常说的台风，其实就是我。

飓风
气旋风暴
台风

我在不同的海域有不同的名称。当我生成在北大西洋和中、东太平洋时，人们叫我飓风。

当我生成于南半球和印度洋时叫气旋风暴，在西太平洋就是大家耳熟能详的台风了。
台风
气旋风暴

说起来我本质上也是个“暖男”呢。

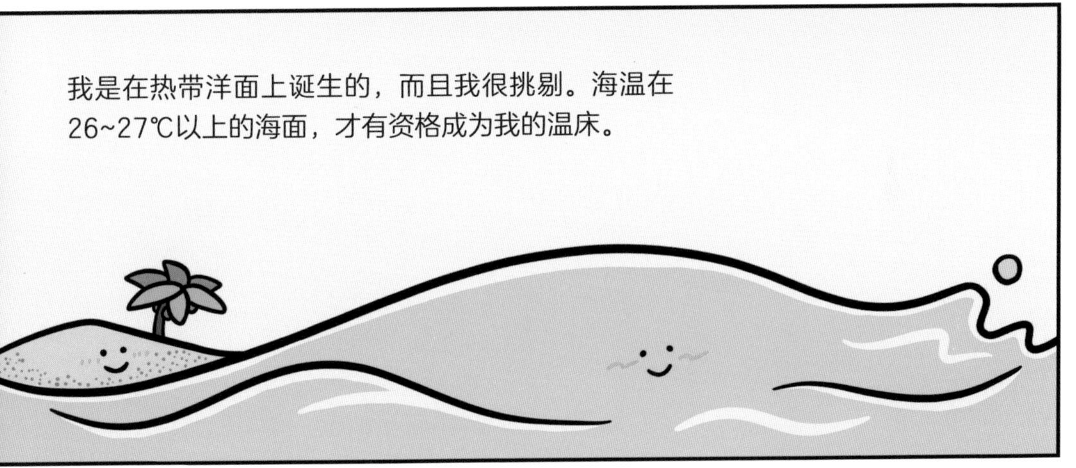
我是在热带洋面上诞生的，而且我很挑剔。海温在
26~27℃以上的海面，才有资格成为我的温床。

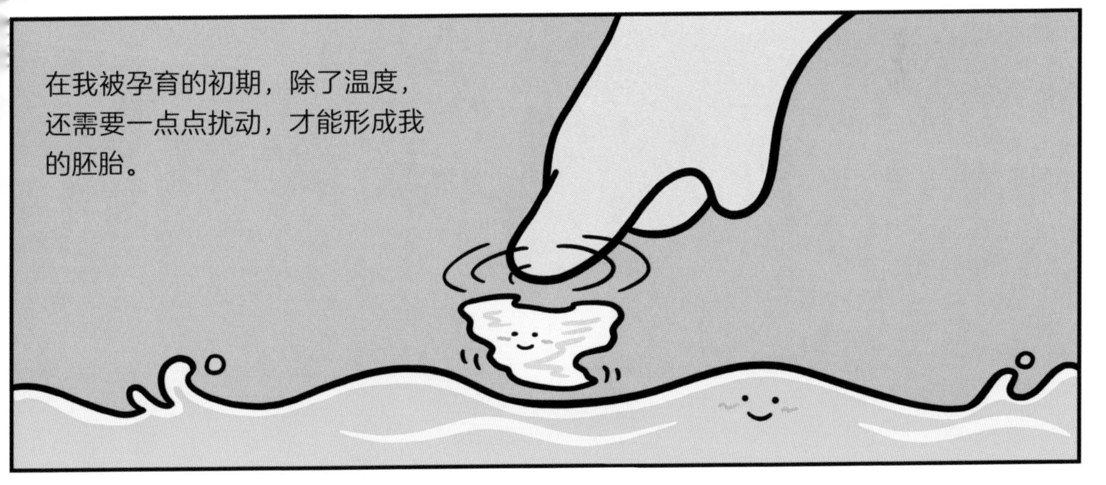
在我被孕育的初期，除了温度，
还需要一点点扰动，才能形成我
的胚胎。

温暖的海面蕴藏着巨大的热量，海面蒸发也十分旺盛。
而这些暖而湿的空气是我最喜爱的食粮，可以给我补充能量。

不过我也需要被细心呵护，环境风的垂直变化不能太大。

因为在弱垂直风速切变的环境里，我从洋面吸取的能量能够集中在一个有限的空间范围内，不至于被吹散或是被吹到天上去。这样可以很快地形成暖中心结构，我就能茁壮成长啦。

台风的生成地

细心的你可能早就发现了一个问题——赤道的洋面最热，但我从来不选择在赤道附近着床。

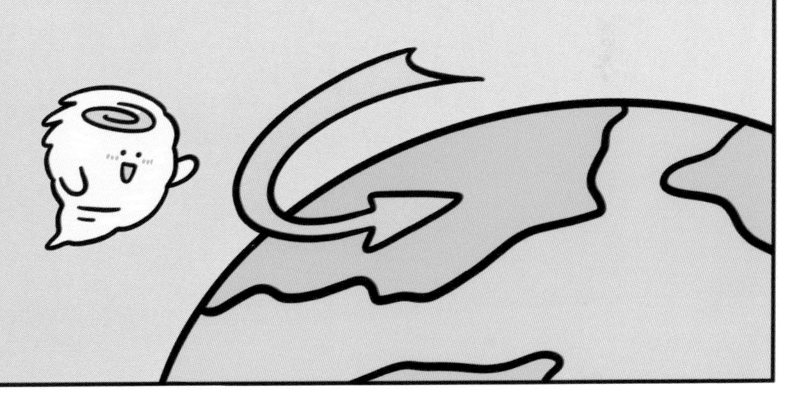

因为我的初始扰动要有强大的逆时针旋转涡旋（北半球），这需要地转偏向力的帮助才能实现。

但是在赤道上地转偏向力几乎为 0，所以我是不会选择这里的，一般要在距离赤道 5 个纬度之外。

不过也有例外。2001年12月台风“画眉”去了新加坡，它生成的纬度在北纬1.5度。对于这个不按套路出牌的兄弟我也很是疑惑呢。

当然我一般也不会选择南大西洋和东南太平洋。因为这里海温太低了，而且有强烈的垂直风切变，没有办法满足我的需求。

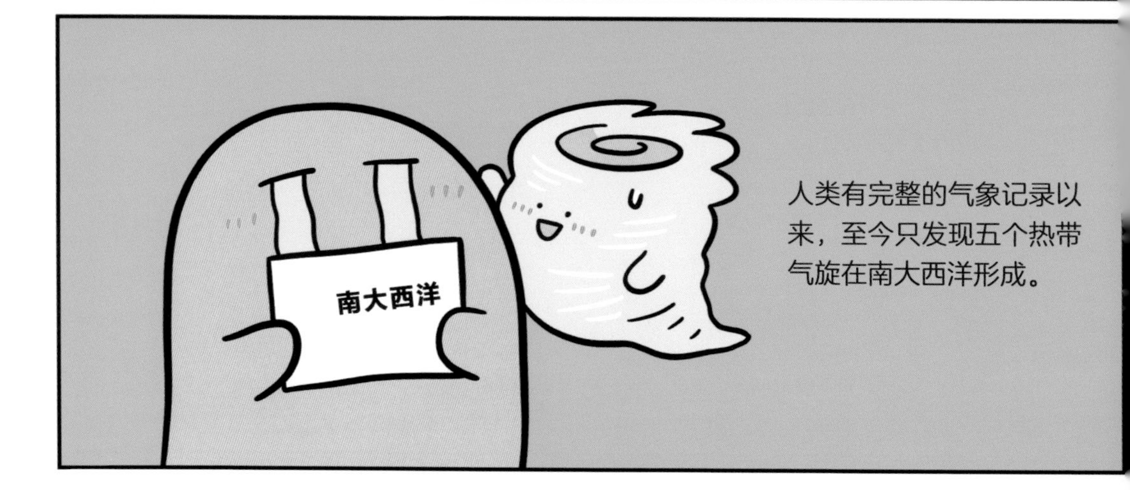

人类有完整的气象记录以来，至今只发现五个热带气旋在南大西洋形成。

台风的等级

人们经常听到的台风，其实就是达到一定级别的“热带气旋”。不过因为“台风”这个词语已经深入人心了，因此人们把大部分的热带气旋都称为“台风”。
你好！
热带气旋
台风！！
热带气旋定级，往往是按照中心附近最大风力来衡量。
风力越来越大了！
台风，就是中心风力达到12~13级的热带气旋。
我终于变成台风啦！

一般情况下，热带气旋分为热带低压、热带风暴、强热带风暴、台风、强台风、超强台风。

他们一个比一个厉害。

当气象播报员宣布中心达到台风或以上级别了，一定不能大意。

台风的命名

经过西太平洋和南海周边国家的商议，最终决定从 2000 年 1 月 1 日开始，对这一区域的台风使用台风名，每个国家提供 10 个名字，一共 14 个国家，因此命名表上共有 140 个名字。

中国起的名字就很有地方传统特色，比如悟空、玉兔、电母等等。但命名表上的名单不是一成不变的，如果某个台风造成了特别重大的灾害，它的名字就会被永久除名、剥夺使用，相应的国家需要重新补充一个新的名字。

神秘的眼区

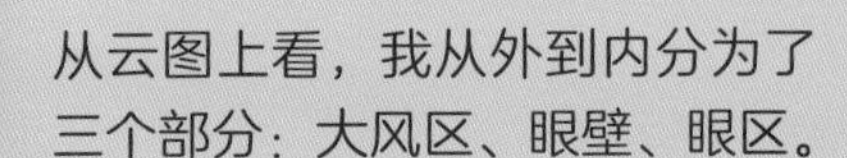

从云图上看，我从外到内分为了三个部分：大风区、眼壁、眼区。

外围大风区是地盘最大的一个区域，直径一般有 400~600 千米，经常提到的“台风外围雨带”说的就是这里。

中间的涡旋区，也叫“眼壁”，也是我法力最强的地方，宽度平均有 10~20 千米。这里气流抬升，所以最强烈的对流、降水、大风都出现在这个区域。

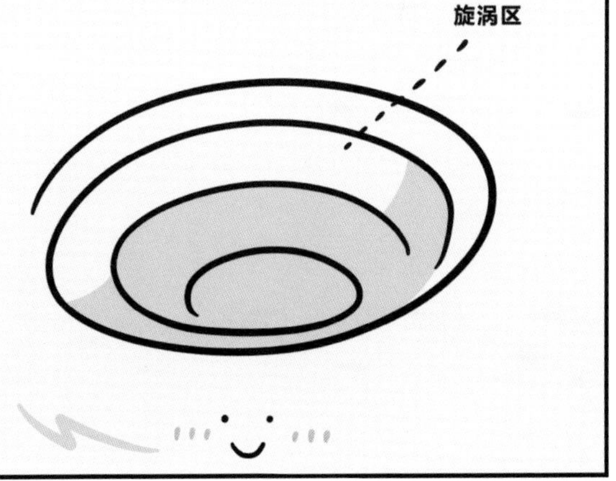

再往里走，有一个神秘的眼区（台风眼），到这里会突然变得风平浪静，是我最柔软的地方。
这里好平静！
因为眼区内的气流是下沉气流，无法成云致雨。
台风眼区只是暂时的风平浪静，眼区经过之后可是眼壁区的狂风暴雨。

副热带高压

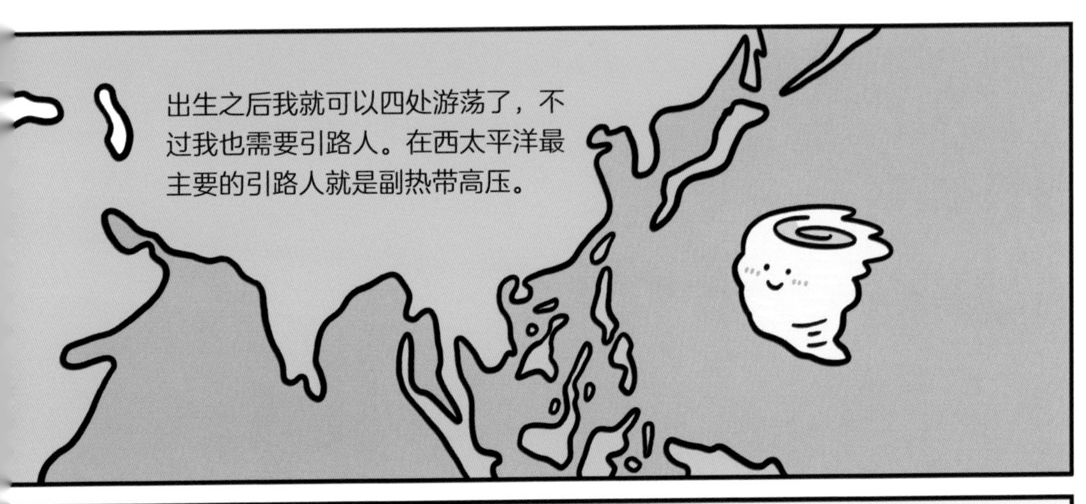

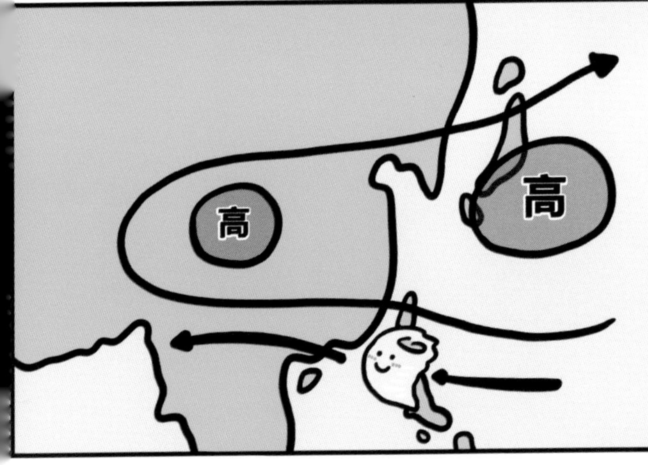

当副热带高压和大陆高压联手形成东西向的高压大坝时，我就只能沿着它的边缘往西走。西移路径一般经过南海，最终在华南沿海、海南或越南一带登陆。我沿这条路径移动时，对华南地区的影响最大。

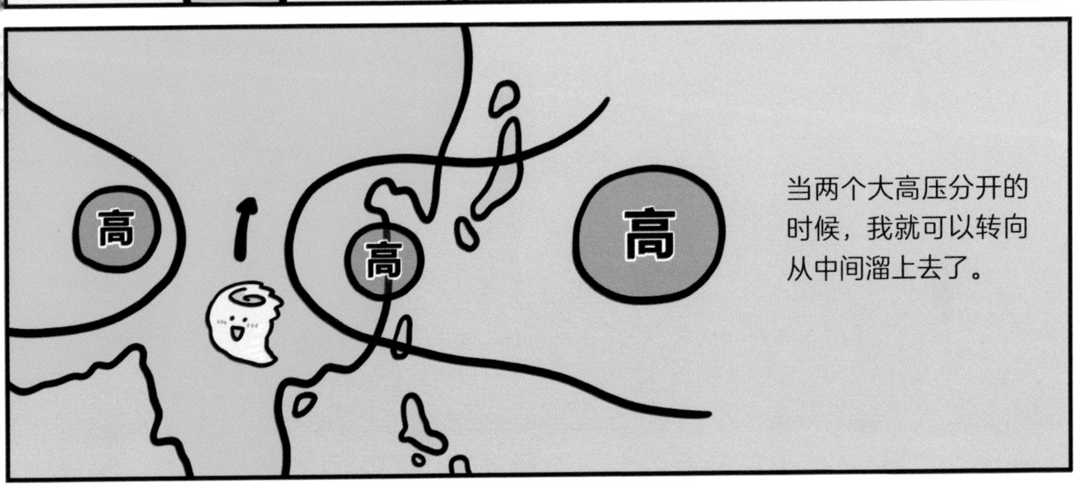

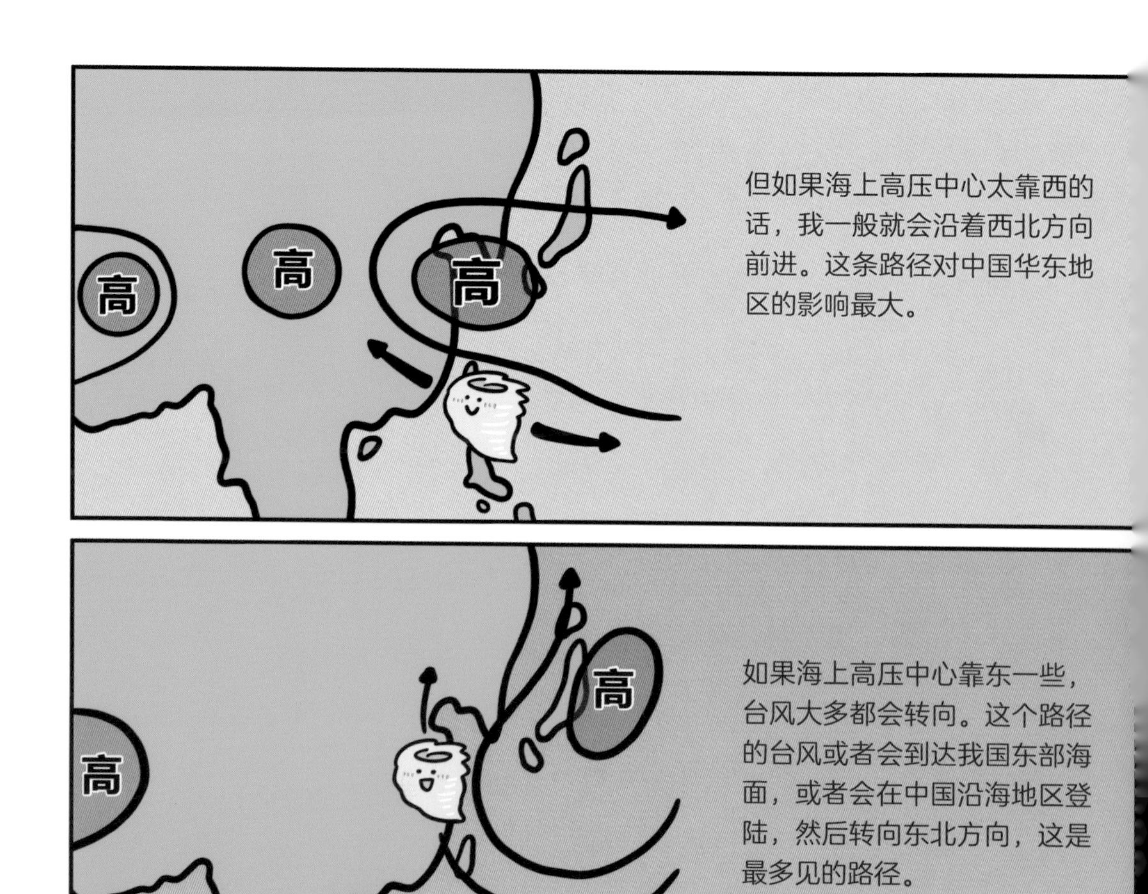
高
高
高
但如果海上高压中心太靠西的话，我一般就会沿着西北方向前进。这条路径对中国华东地区的影响最大。
高
高
如果海上高压中心靠东一些，台风大多都会转向。这个路径的台风或者会到达我国东部海面，或者会在中国沿海地区登陆，然后转向东北方向，这是最多见的路径。

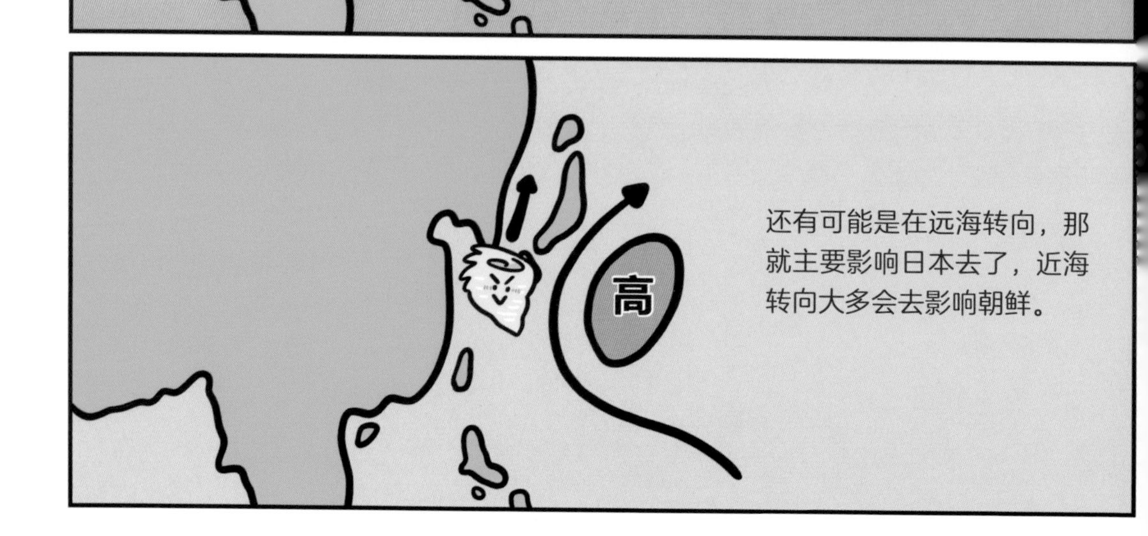
高
还有可能是在远海转向，那就主要影响日本去了，近海转向大多会去影响朝鲜。

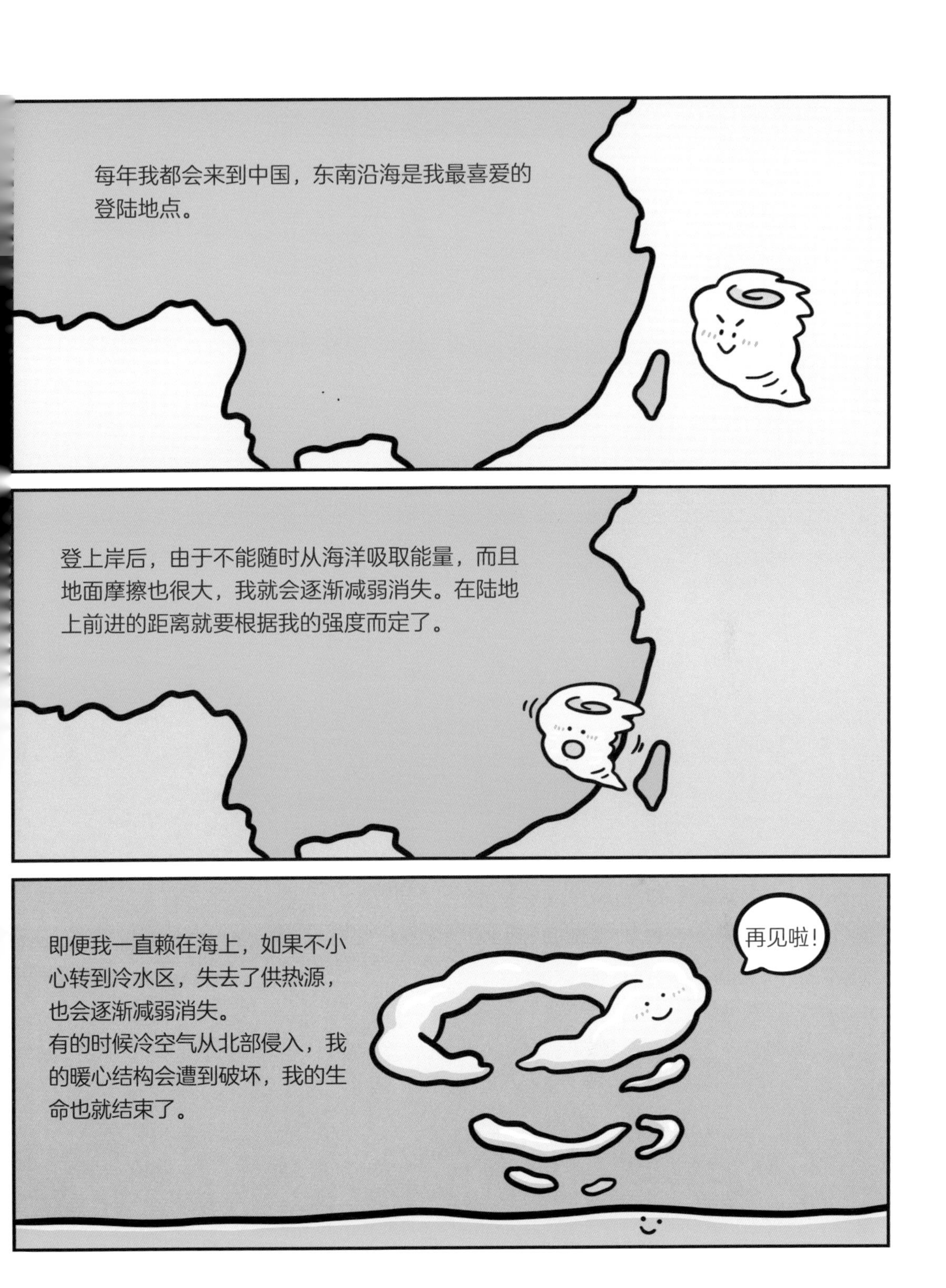
每年我都会来到中国，东南沿海是我最喜爱的登陆地点。
登上岸后，由于不能随时从海洋吸取能量，而且地面摩擦也很大，我就会逐渐减弱消失。在陆地上前进的距离就要根据我的强度而定了。
即便我一直赖在海上，如果不小心转到冷水区，失去了供热源，也会逐渐减弱消失。
有的时候冷空气从北部侵入，我的暖心结构会遭到破坏，我的生命也就结束了。
再见啦！

台风的危害和好处

为了减少损失，人类对我的预报可是煞费苦心，
台风预警信号由弱到强分为蓝色、黄色、橙色和红色四级。

其实搞破坏不是我的初心，我
也可以为大家做点贡献。

我的降雨可以给人们带来
丰沛的淡水，缓解干旱、
驱散炎热。

我的大风可以将江
海底部的营养物质
卷上来，吸引鱼群
在水面附近聚集，
提高捕鱼量。当然
我全身巨大的能量
还可以转化为宝贵
的风能资源。

龙卷风

说完自己，我还有个兄弟
想要介绍给大家认识。

它同我一样也是个低压
系统，个头比我小，移
动比我快，生命期比我
还短暂。它就是龙卷。

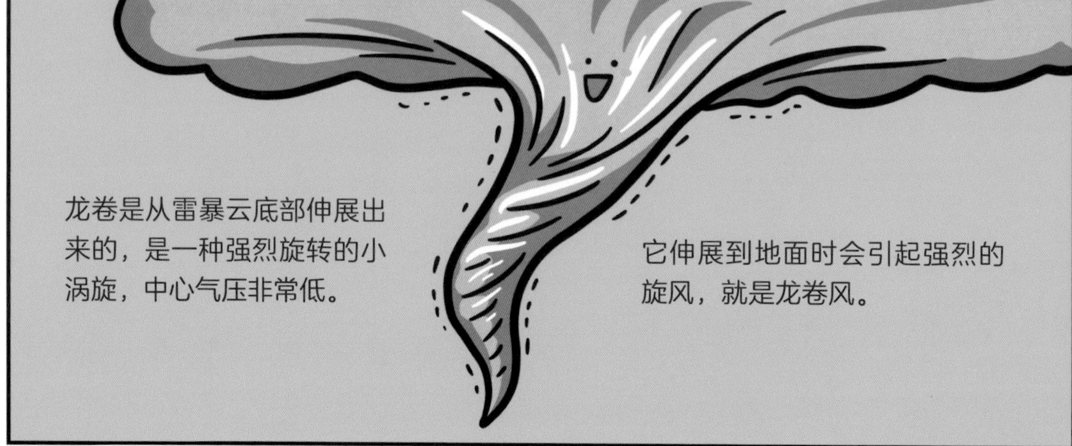
龙卷是从雷暴云底部伸展出
来的，是一种强烈旋转的小
涡旋，中心气压非常低。
它伸展到地面时会引起强烈的
旋风，就是龙卷风。

但在四周则是极强的上升气流，风速大的时候可以超过 320 千米 / 小时，有的甚至可以达到 480 千米 / 小时以上，比高铁还要快很多。
这么强的上升气流可以将物体抬升到很高的高度，就连房屋都能被卷到空中。

龙卷风多发地

美国是世界上龙卷风发生频率最高的国家，平均每年 810 次。

在我国龙卷风并不多见，发生最多的地区是江苏和广东。

龙卷风按它的破坏程度不同，可以分为 6 个等级。
2016 年 6 月 23 日江苏盐城阜宁地区发生的龙卷风就达到了高强度的级别。

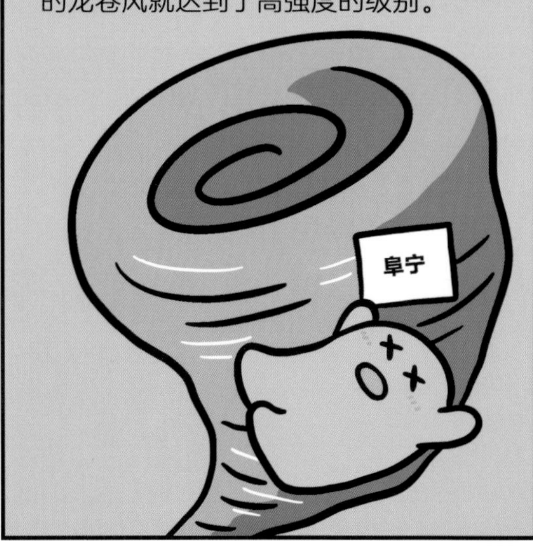

龙卷风的生存时间一般只有几分钟，最长也不超过数小时。

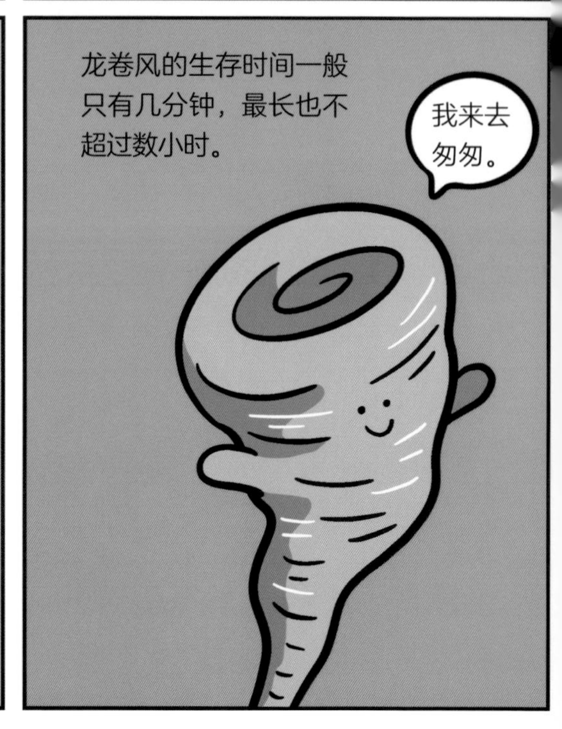

龙卷风防御

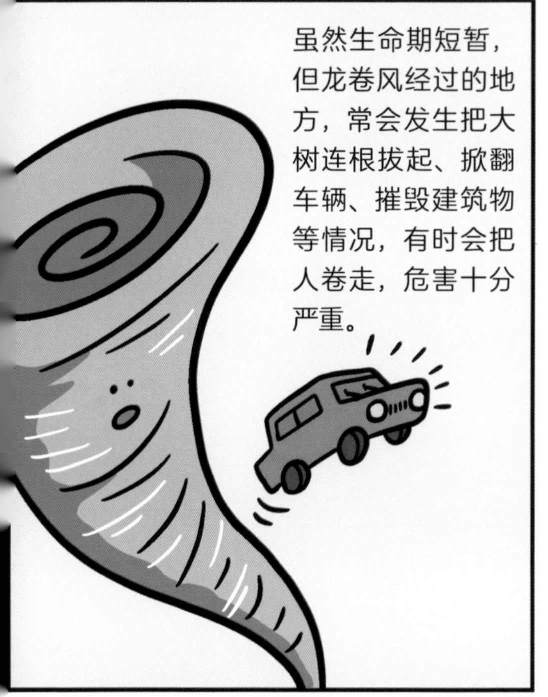
虽然生命期短暂，但龙卷风经过的地方，常会发生把大树连根拔起、掀翻车辆、摧毁建筑物等情况，有时会把人卷走，危害十分严重。

当龙卷风到来时，如果你在家里，要远离门、窗和房屋的外围墙壁，躲到与龙卷风方向相反的墙壁或小房间内抱头蹲下。

如果在车里或是野外，应该赶紧跑到地势低洼处，脸向下平卧、两手放在脑后。
??

地下室
当然不管在哪里，最安全的地方都是地下室。

词汇表

热带气旋：发生在热带或副热带洋面上的低压涡旋，是一种强大而深厚的热带天气系统。

热带低压：热带气旋的一种，属于热带气旋强度最弱的级别，中心最大风速为10.8~17.1 米 / 秒（风力 6~7 级）。

热带扰动：广义上泛指热带地区大气中各种尺度的扰动。

台风：发生在西北太平洋和南海区域，近中心最大风速达到 32.7~41.4 米 / 秒（风力 12 级以上）的热带气旋。

飓风：发生在北大西洋及中、东太平洋，近中心最大风速达 32.7 米 / 秒（风力达 12 级以上）的热带气旋。

气旋风暴：发生在孟加拉湾和阿拉伯海的最大风力在 8 级以上的热带气旋。

气旋：占有三度空间的，在同高度（等压面）上，具有闭合等压（高）线，中心气压（高度）低于周围的大型涡旋。

反气旋：占有三度空间的，在同高度（等压面）上，具有闭合等压（高）线，中心气压（高度）高于周围的大型涡旋。

副热带高压：在南北半球都存在的近似地沿纬圈排列的高压系统。在西太平洋上空的副热带高压称为西太平洋副热带高压，对我国的天气和气候影响较大。

台风风暴潮：由台风大风及气压骤降引起的海水异常升降，使受其影响的海区的潮位大大超过平常潮位的现象。

温带气旋：主要指发生在中纬度温带地区的低压涡旋，高纬度地区也有出现。

地转偏向力：运动物体在旋转参照系中所受到的一种惯性力。

风切变：风矢量在特定方向上的空间变化，分为水平切变和垂直切变。